Khriss Pérez

Bajo el vuelo de los meliponinos: explorando las abejas sin aguijón

Khriss Pérez

Bajo el vuelo de los meliponinos: explorando las abejas sin aguijón

Un pequeño viaje científico a la diversidad y conservación de las abejas nativas (Apidae Meliponini)

Editorial Académica Española

Imprint
Any brand names and product names mentioned in this book are subject to trademark, brand or patent protection and are trademarks or registered trademarks of their respective holders. The use of brand names, product names, common names, trade names, product descriptions etc. even without a particular marking in this work is in no way to be construed to mean that such names may be regarded as unrestricted in respect of trademark and brand protection legislation and could thus be used by anyone.

Cover image: www.ingimage.com

Publisher:
Editorial Académica Española
is a trademark of
Dodo Books Indian Ocean Ltd. and OmniScriptum S.R.L publishing group

120 High Road, East Finchley, London, N2 9ED, United Kingdom
Str. Armeneasca 28/1, office 1, Chisinau MD-2012, Republic of Moldova, Europe
Managing Directors: Ieva Konstantinova, Victoria Ursu
info@omniscriptum.com

Printed at: see last page
ISBN: 978-620-8-82679-6

AGRADECIMIENTO.

Quiero expresar mi profundo agradecimiento a todas las personas que han contribuido de manera significativa a la realización de este trabajo de investigación.

Gracias al Dr. Alonso Santos Murgas por su respaldo y apoyo académico como mi profesor asesor de tesis, su invaluable colaboración en este proceso.

A cada uno de los profesionales en biología que me presento la vida durante esta trayectoria, los cuales de distintas formas dejaron grandes enseñanzas que marcaron de forma positiva este camino.

No puedo pasar por alto el apoyo incondicional de mis compañeras, que siempre estuvieron dispuestas a ayudarme a sacar esta meta adelante, muchas gracias Cecibeth Aparicio, Leidys Cedeño, Paola Sanjur, Zuleimy Moreno, las amistades siempre hacen más llevadero cualquier proceso y eso hay que reconocerlo.

Agradezco la ayuda de Saquin Sanjur (hijo), un morador de la comunidad que aunque no tenga idea de que me ayudó en esta investigación, sin duda alguna sin sus pequeñas observaciones no hubiese podido localizar todos los nidos encontrados.

Finalizo con un agradecimiento infinito a mi familia, que se involucraron de una forma u otra en este proceso, que aunque no entendían muchas cosas del tema o la necesidad de ir a "vigilar abejas" estuvieron dispuestos a brindarme su apoyo, caminar y buscar por horas nidos, salir corriendo con abejas enredadas en el cabello, fue una hermosa experiencia, pero sobre todo el sentir el apoyo de mis seres queridos.

Este trabajo no habría sido posible sin la contribución de cada uno de ustedes. Estoy profundamente agradecido por haber formado parte de este proyecto y haber compartido este camino con personas tan excepcionales.

DEDICATORIA

A mi mamá Viviana De Gracia, por ser una mujer valiente que siempre me enseñó a seguir mis sueños, porque su amor y apoyo siempre ha sido una gran inspiración en mi vida.

Mis hermanas Yerizinc Pérez y Carmen Mendoza, por creer en mí, las tres sabemos que la vida puede dar muchas vueltas pero que nos tenemos a nosotras y este proceso es otro más en el que sentí su confianza y apoyo.

A Cristian Ballesteros, por ser un amante de la ciencia por pura pasión, por ser una persona que me motivo a conocer el maravilloso mundo de las abejas, y por confiar en mis capacidades.

A todos aquellos que de alguna manera han contribuido a mi formación académica y personal, les dedico este logro con profundo agradecimiento.

ÍNDICE

RESUMEN

Las abejas sin aguijón o meliponinos, forman un grupo de abejas sociales clasificadas en la tribu, Meliponini. Los meliponinos de américa son abejas autóctonas, lo que las convierte en los principales polinizadores de la flora de regiones tropicales y subtropicales de selvas y bosques. Tomando en cuenta esta información, el objetivo general de este estudio se dirigió en reconocer e identificar la presencia de abejas nativas sin aguijón y su interacción en el entorno, obteniendo datos como riqueza y abundancia de especies para determinar la diversidad, actividad de vuelo, vegetación de preferencia, características de los nidos su comportamiento y las posibles amenazas que enfrentan, en una finca ubicada en la comunidad de Los Lajones, Distrito de Cañazas, Veraguas, Panamá. Para ello, se realizaron muestreos de transectos variables, observación directa cualitativa y cuantitativa durante los meses de noviembre del 2022 a marzo 2023. Para la captura de muestras se utilizó el método activo de obtención directa de los nidos y en ocasiones la ayuda de una pequeña red. Para la identificación taxonómica se utilizó claves entomológicas, teniendo como resultado 2 géneros en total de los dos transeptos. Se identificó y caracterizo 7 especímenes distribuidos en 1 género en el transecto 1, en el transecto 2 se encontraron 2 géneros siendo el género Partamona el de mayor presencia con la representación de 3 especies. Los riqueza de especies se determinó por el número de especies encontradas en los transectos. En el presente estudio se puede observar que la mayoría de las abejas encontradas mantienen una amplia similitud en sus preferencias vegetativas, teniendo una alta inclinación por vegetación con flores y semillas. El comportamiento en sus nidos es muy organizado y en algunos casos altamente defensivo y que las mismas presentan varias amenazas que pueden influir en su biodiversidad.

INTRODUCCIÓN

Los meliponinos (Meliponini) son un grupo de himenópteros apócritos de la familia Apidae, agrupa todas aquellas abejas conocidas como "abejas sin aguijón" encontradas en las regiones tropicales y subtropicales del mundo (Roubik, 1989). Distribuidas desde los 30° LN hasta los 30° LS.

Junto con las abejas de miel (*Apis mellifera*), son las únicas que poseen comportamiento altamente social (eusocialidad). (Meichener,2000), los melipónidos *(Apidae: Meliponinae)* son abejas que viven en colonias permanentes, estas se dividen en tres tribus: Meliponini, la constituye un género Melipona encontrado sólo en América tropical; Trigonini, representadas por el género Trigona, las cuales se encuentra en todos los continentes excepto en Europa y la tribu Lestrimellitini, que está constituido por un solo conocido igualmente como Lestrimellitini, el cual tiene ausente la estructura colectora de polen y colectan su alimento pillando las colmenas de otras especies de abejas.

Actualmente, se estima que hay unas 400 especies de abejas sin aguijón, que se agrupan en cerca de 50 géneros. Estas especies están distribuidas por América, el Sureste Asiático, África y Australia. No obstante, el gran número de especies registradas en América un estimado de 300 especies, especialmente en Centro América y Sudamérica, lo que sugiere que este continente es el principal lugar de origen y distribución de las abejas nativas. (Roubik, 1989)

Panamá es parte de su habitad natural, pero el estudio de estas especies en Panamá se encuentra en una etapa incipiente en cuanto diversidad y ecología, Los meliponinos en Panamá recibieron cierta atención por (Cockerell 1913; Schwarz 1932, 1934, 1948, 1951; Michener 1954; Roubik ,1981-1982) pero sin registros específicos, (Camargo &

Roubik ,1991) describieron más tarde nuevas especies y una especie de Panamá, *Trigona necrophaga* endémica de Panamá, descubierta en las zonas del Canal, (Schwarz ,1934) enumeró 26 abejas sin aguijón que se cree que se encuentran en la isla de Barro Colorado. El lado más seco del Pacífico contiene 22 meliponinos, el bosque húmedo cerca de la isla Barro Colorado en el Parque Nacional Soberanía tiene 30, y el bosque más húmedo de las tierras bajas del Caribe contiene 47 meliponinos (Roubik,1992). Mientras que (Michener, 1954) enumera 46 meliponinos panameños, casi un 45% más de 63 especies, algunas en espera de descripción y estudio comparativo (Roubik,1983) registró la arquitectura de los nidos y otras características de 351 colonias de abejas sin aguijón, en bosques de elevaciones bajas a medias, del centro de Panamá, (Roubik & Moreno, 1991) Siendo hasta el momento todos los trabajos de investigación realizados para este grupo de abejas en nuestro país, pero tomando en cuenta que la mayoría de los registros difieren en muchas ocasiones, que la mayoría son registros no actualizados, resaltando que todos estos estudios han sido realizados prácticamente en las mismas zonas geográficas, lo que deja una amplia brecha en el conocimiento de la diversidad real de abejas Meliponinis en el istmo de Panamá. Se puede considerar que la escases de descripción e identificación de abejas meliponas en Panamá se debe a que el istmo solo tiene aproximadamente 15 millones de años de formación, en comparación con países como México, Costa Rica, Brasil, Colombia, etc.

Estas abejas han estado más relacionadas con las áreas rurales, por lo que los conocimientos que tienen algunos pobladores en su gran mayoría son de manera empírica, su popularidad la concentran en la famosa miel de palo, la cual es aprovechada en algunos casos, lo que coloca a las abejas sin aguijón en una posición vulnerable a malos manejos, estas especies, son residentes de los bosques tropicales y están en peligro de extinción en elevaciones bajas y medias, donde su hábitat está siendo rápidamente eliminado. (Schwarz, 1948) Los nidos de estas abejas en Panamá se abren con frecuencia para extraer la miel, pero las colonias de abejas rara vez se mantienen, en muchas regiones del país los árboles que funcionan como sitio de anidación para estas especies, se queman antes de plantar arroz seco, maíz u otros cultivos (Roubik & Moreno, 1991).

Conocer la diversidad de abejas de la tribu Meliponini en Panamá, no solo promueve únicamente la conservación de la especie, sino que también se convierte en un mecanismo para el cuidado de la flora y fauna endémica de Panamá, ya que estas abejas aparte de ser grandes polinizadores, también ayudan a indicar las condiciones del ecosistema (Murgas,2018)

El siguiente trabajo se determinó la presencia e interacción de abejas sin aguijón encontradas en una finca ubicada en la comunidad de Los Lajones, su comportamiento y establecimientos en este ecosistema, para contribuir en la actualización del registro de estas especies en otras zona del país, considerando la variación de ecosistema registrado con anterioridad.

OBJETIVO

Objetivo general:

- Determinar la diversidad de abejas sin aguijón (Apidae: Meliponini) en Panamá (una finca de la comunidad de Los Lajones, Cañazas, Veraguas) considerando algunos aspectos ecológico de la región.

Objetivos específicos:

- Identificar las especies de abejas sin aguijón *(*Apidae*:* Meliponini*)* encontrados de la comunidad de Los Lajones, Cañazas, Veraguas.
- Conocer el estado poblacional de abejas nativas sin aguijón *(*Apidae: Meliponini*)* a través de la riqueza de especies.
- Calcular la actividad de vuelo y vegetación de preferencia de las abejas sin aguijón *(*Apidae*:* Meliponini*)* encontradas.
- Reconocer las principales amenazas que enfrenta las abejas sin aguijón (Apidae: Meliponini*)* identificadas en la finca en estudio.

ANTECEDENTES:

Queda aclarado que en el continente americano no existían las abejas melíferas (Apis mellifera) antes de haber sido introducidas por los europeos probablemente en los años 1520 o 1530 (Brand, 1988) lo que convertía a las abejas sin aguijón en la única fuente de cera y miel que se conocía. La caza de miel de monte, la crianza de las abejas sin aguijón tiene y ha tenido una presencia importante; desde tiempos prehispánicos se pueden encontrar señales de meliponicultura en casi todo el continente, desde México y Centroamérica, hasta Brasil y Paraguay, en Sudamérica.

El lugar en donde tuvo mayor arraigo y desarrollo fue en Mesoamérica, una región cultural del continente americano que comprende la mitad meridional de México, los territorios de Guatemala, El Salvador y Belice, así como el occidente de Honduras, Nicaragua y Costa Rica. En Mesoamérica, la relación entre la gente y las abejas sin aguijón ha tenido un valor importante en aspectos sociales, económicos y religiosos. Desde tiempos antiguos, la miel y la cera sirvieron como medicina y como objetos de comercio y tributo. También fueron utilizados en ceremonias y rituales. Los países con mayor influencia de sus pueblos autóctonos son los que presentan mayores estudios y descripciones sobre las meliponas.

En Panamá son escasos los trabajos de identificaciones de abejas Meliponinii, pero las realizadas son de gran importancia, no solo para el país sino también para complementar los estudios en otras regiones geográficas. Una investigación de gran importancia en Panamá sobre abejas meliponas es la de (Roubik & Franco, 2011) quienes estudiaron el grupo de las islas Coiba y Panamá continental, lo que arrojó una especie de meliponini endémica (*M. insularis* sp.n.) y seis géneros y especies de meliponinos que también se encuentran en otras regiones. La abeja melífera endémica sin aguijón Melipona (Melikerria) *insularis* sp.n. En las islas de Coiba y Ranchería en el Pacífico de Panamá, junto con la especie hermana propuesta, *M. ambigua* sp.n. del noreste colombiano.

La baja diversidad de la fauna social de abejas, sugiere que las barreras del hábitat generalmente impidieron la recolonización desde el continente durante los períodos glaciales (Roubik,1992). Muchos animales se extinguieron, pero algunos permanecen como reliquias. Melipona insularis sp.n. se aisló en terrenos agrietados de la selva tropical de Coiba en la microplaca de Panamá. La morfología sugiere que *M. insularis* sp.n. No es descendiente directo de la Melikerria endémica de San Blas, Este de Panamá , *M. triplaridis*. Las especies endémicas de la selva tropical como la planta *Peltogyne purpurea* (Fabaceae) y la abeja *Ptilotrigona occidentalis* (Apidae, Meliponini) también se encuentran como poblaciones disjuntas relictuales en América Central y del Sur. Estos pueden haber sido aislados antes de que comenzara el intercambio biótico acelerado; su trabajo respaldó los hallazgos geológicos tanto de un arco volcánico como del macizo de San Blas, proporcionando un puente sustancial para *(Melikerria)* de Colombia y Panamá en el Eoceno al Mioceno. También, sugirieron que ha habido ciclos taxonómicos que permitieron la recolonización durante las glaciaciones, por lo que las colonias de M. insularis sp.n. lograron recolonizar la isla Ranchería, una isla de 250 ha, a 2 km de Coiba. Sin embargo, las colonias de abejas que anidan en los árboles, transportadas sobre esteras de vegetación, pueden haber producido poblaciones fundadoras de Melipona en América Central y en islas oceánicas como Coiba. (Roubik & Camargo, 2011)

MARCO TEÓRICO

1.1 Generalidades de las abejas sin aguijón (APIDAE: MELIPONINI)

Las especies de meliponinos viven en colonias con repartición de trabajo en castas, y por la presencia de estructuras llamadas potes en los nidos donde almacenan la miel y el polen (Quezada-Euán, 2018). Se encuentran en el orden Hymenoptera, junto con las avispas y las hormigas. Son generalmente más pequeñas que las abejas mieleras, con un tamaño que varía según la especie, pero suelen medir entre 2 y 10 mm de longitud. Se distinguen anatómicamente de las abejas de otras tribus de la familia Apidae por la ausencia de aguijón funcional. Otras características muy distintivas es que presentan una gran reducción de la venación de las alas anteriores, uñas simples no bifurcadas y una línea de pelos gruesos a modo de peine en el borde distal interno de las tibias posteriores llamados penicillium (Ayala, 1999). Igualmente se diferencia de otras abejas por sus hábitos y patrones de anidación.

1.2 Hábitat y distribución:

La distribución de la tribu Meliponini se limita a la zona tropical, donde la temperatura y la humedad son constantes. Estas abejas no sobreviven a los procesos de congelación porque no tienen adaptaciones para la hibernación, por lo que no se encuentran en toda la zona norte del planeta. Se encuentran en las regiones tropicales y subtropicales del mundo, alcanzando algunas pocas especies las regiones templadas del hemisferio Sur. En el Centro y Sur de América, África, Asia y Australia (Rasmussen & Cameron 2010, 2013). se encuentran principalmente en el continente americano, particularmente en la región entre el sur de México hasta el norte de Argentina, como el principal centro de diversificación de la tribu (Roubik, 1989). Se asocian principalmente a los ecosistemas en tierras bajas y cálidas, como los bosques secos tropicales, húmedos tropicales, incluyendo zonas costeras (Ayala, 1999).

Figura 1. Distribución mundial de las abejas sin aguijón (fuente: Sánchez M, 2021)

Anidan en casi cualquier cavidad o recipiente que puedan encontrar. En condiciones naturales, prefieren nidos terrestres, cavidades de árboles, así como nidos aéreos expuestos similares a los montículos de termitas (Nates-Parra, 1990). Lo que significa que éstas no se especializan en cavarlos, sin embargo, pueden limitar las proporciones del nido amurallando las áreas a utilizar, haciendo y recubriendo las paredes con placas de cerumen que por lo general rodean el nido. La forma de la entrada de un nido de abejas sin aguijón varía según la especie. Algunas abejas anidan en estructuras de arcilla de diversas formas, pero a veces la entrada es un agujero por el que sólo puede pasar una abeja, otras abejas presentan una gran construcción de cera, lo cual es muy característico de especies como Tetragonisca angustula (Michener 2007).

Los materiales que utilizan para construir sus nidos son cerumen y batumen. El cerumen es una mezcla flexible de ceras (producida por obreras jóvenes a partir de una resina vegetal traída por las abejas (que se puede observar en la colmena en su forma pura, también llamada propóleo). Se utiliza para fabricar el panal de crías, el comedero y el involucro; este consiste en una fina capa de cerumen que rodea el área de cría, su función principal es mantener el equilibrio de la temperatura del nido (Noriega-Neto, 1997)

El Panal, Óvulos o discos dispuestos horizontalmente similar a la técnica de diseño de un edificio. Las celdas son cilíndricas, están hechas de cerumen y están dispuestas regularmente una al lado de la otra. En un mismo nido, se distingue entre discos oscuros, que son los más nuevos y contienen huevos recientemente puestos por la reina y las larvas, y discos claros, que contienen crías en un estado de madurez más avanzado. El batumen es un material duro formado por barro, resina vegetal y finalmente semillas. Se utiliza para demarcar nidos en cavidades de árboles o cerrar aberturas no deseadas. El área de almacenamiento de alimentos se encuentra fuera del área de reproducción, en el borde del nido, consiste en un tarro de cera ovalado con forma de huevo de pájaro, en el que las abejas almacenan por separado la miel (fuente de energía) y el polen (fuente de proteínas). Los montones de basura, son pequeñas áreas donde las abejas arrojan sus desechos; está ubicado fuera del área de cría y del área de almacenamiento de alimento

Figura 2. (A) Nido de *Partamona Bilineata.* (B) Nido de *Partamona sp.* Los Lajones, Cañazas, provincia de Veraguas, Panamá.

1.3 Anatomía:

Las abejas tienen ciertas estructuras anatómicas que las distinguen de otros insectos y les permiten conectarse con su entorno de una manera especial. Podemos destacar la estructura en forma de cuchara, llamada corbícula, indispensable para el transporte de polen y otros elementos como resinas, que recogen con sus patas delanteras para llevarlo hasta los nidos. El aparato bucal está conformado por un tubo alargado conocido como lengua, la cual actúa como una sonda que recoge el néctar de las flores, también presenta dos pares de maxilas y el labio cada uno con un par de palpos. Las partes masticadoras funciona para amasar la cera, y son la herramienta más versátil de las obreras abren flores, procesan resina y rompen la corteza de los árboles y diversos frutos, también los utilizan hábilmente para construir casi cualquier estructura de nido. Tienen ojos compuestos (ojos formados por miles de facetas) que les permiten ver todos los colores que reconocemos excepto el rojo. Además, las abejas detectan la luz ultravioleta. También tienen tres ojos simples que les permiten detectar la intensidad de la luz. Con la ayuda de antenas, además de detectar el campo electromagnético, también detectan olores y sonidos. (Baguero, 2007).

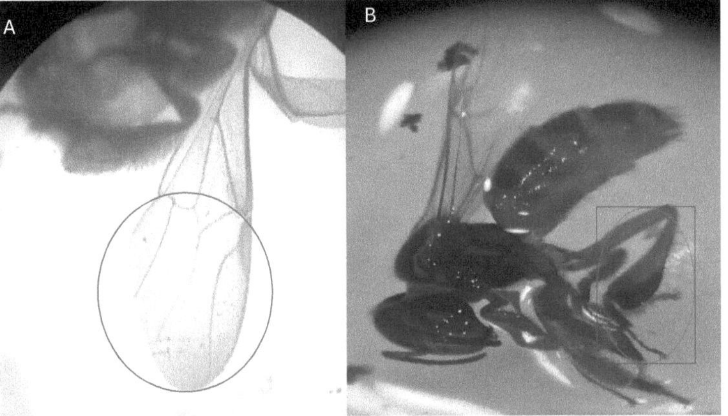

Figura 3. A) Ala de *Trigona fulviventris*, se puede observar la reducción de la venación. B) *Tetragona parangulata*, Corbícula con pelos simples.

1.4 Individuos de la colmena y rol de cada una de las castas:

Los tres tipos de individuos o castas que componen la colmena Meliponini son las obreras, la reina y los zánganos, cada uno con una anatomía diferente y funciones diferentes. En los nidos de la mayoría de las abejas sin aguijón, se forman celdas más grandes para criar a las abejas reinas. Sólo las especies del género Melipona desarrollan castas diferentes en células del mismo tamaño.

Reina: es la única hembra fértil, responsable de poner huevos y mantener unida la colonia a través de mensajes olfativos debido a la producción de feromonas, que influyen en el comportamiento de otros individuos .

Obreras: son las hembras infértiles de la colonia debido a que sus sistemas reproductores no suelen ser funcionales, en tamaño, las obreras son más pequeñas que las reinas. Responsable de construir el nido, cuidar de las crías (cuando son jóvenes), buscar néctar, polen , agua, materiales como barro, resina o semillas (cuando estás son maduras), retirar restos y proteger el nido.

Zángano: Seguirán desovando si los nidos son fuertes y tienen un buen suministro de alimento. Su función es puramente reproductiva. Se aparea con una de las reinas en su vuelo nupcial y luego muere. (Michener, 2007)

1.5 **Ciclo reproductivo**:

La reina realiza un vuelo nupcial (se aparea con un macho) y retorna al nido para iniciar la postura de huevos. En las crías de abejas sin aguijón, el huevo se convierte en insecto adulto dentro de las celdas de cría. El tiempo total del proceso varía según la especie, pero puede durar 40-52 días (Delgado, 2004) Las obreras construyen y abastecen cada celda, el alimento suele ser una mezcla de miel y polen. La reina pone un huevo en cada celda, las abejas reinas pueden poner de 10 a 500 huevos por día. Las obreras cierran la celda y el huevo se convierte en larva, a medida que crece, la larva cambia de forma hasta alcanzar la etapa media de la edad adulta. Esta etapa se conoce como pupa. Cuando el crecimiento es completo y la abeja finaliza, sale de la celda mordiendo la capa de cera.(Nates, 1997)

Todos los integrantes de la casta de abejas meliponini se desarrollan a partir del mismo tipo de huevos. En el caso de reina y obreras son huevos fecundados (diploides) y la diferencia se le atribuye al tipo de alimentación que reciben las larvas. En el caso de los zánganos los huevos son no fecundados (haploides).

1.6 Polinización y alimentación:

Las abejas sin aguijón brindan servicios de polinización esenciales para la reproducción de especies de plantas y a su vez obtienen sus principales fuentes de alimento de las plantas: néctar, la materia prima para la producción de miel, fuente de energía para individuos y para la producción de polen, cuya tarea principal es satisfacer las necesidades proteicas de la abeja en estado larvario (Roubik, 1989).

El beneficio más importante que proporcionan estas abejas, es la polinización de numerosas especies de flora nativa. Las plantas han desarrollado algunas características que facilitan la polinización por parte de las abejas, como el color, el aroma y la apertura de las flores, y que proporcionan recompensas a los polinizadores, como néctar, polen y resinas. Estas interacciones entre plantas y abejas sin aguijón promueven la polinización en agroecosistemas (Kevan y Silva, 2020), lo cual cobra importancia porque entre el 75% y el 84% de las especies nativas cultivadas en América latina dependen de la polinización para la producción de frutos y semillas. (Meléndez, 2018). Los meliponinos pueden ser usados de manera eficiente en cultivos estacionales y en invernaderos, ya que están adaptados a las condiciones regionales (Nicodemo, 2019). Se tienen reportes que 40% de los cultivos producidos en invernaderos requieren agentes polinizadores de meliponinos. También, estas abejas se han registrado en mejora de la producción, calidad, vida útil y valor comercial de las semillas de una variedad de cultivos propios de las distintas regiones (Rader et al., 2016).

MARCO METODOLÓGICO

2.1 Área de estudio:

Esta investigación se llevó a cabo en una finca de la comunidad de Los Lajones, ubicada en el distrito de Cañazas provincia de Veraguas, República de Panamá. La propiedad mide aproximadamente 14 hectáreas, posee un relieve ondulado de hasta 200 metros, con una altitud promedio de 600 msnm, sus coordenadas están entre los 8°15'00"N, 81°25'00"W. Presenta temperaturas generalmente entre los 21°C a 30°C. Precipitaciones que oscilan entre los 60 mm a 2,500 mm. El sitio está conformado por una extensión de bosques de galería y rastrojos. Su ecosistema es de tipo húmedo tropical (Comunicación personal de autoridades locales, 2017)

La temporada calurosa dura 2 meses, entre los meses de febrero y abril, y la temperatura máxima promedio diaria es más de 31°C. El mes más cálido del año en Los Lajones es marzo, con una temperatura máxima promedio de 32°C y mínima de 21°C. La temporada más fresca de 21°C dura 5 meses, desde junio hasta diciembre, y la temperatura máxima promedio diaria es menos de 29 °C. El mes más frío del año es octubre, con una temperatura mínima promedio de 21 °C y máxima de 28 °C. La temporada de lluvia dura 10 meses, el mes con más lluvia en Los Lajones es octubre. (Comunicación personal de Autoridades locales, 2017)

figura 4. Sitio de muestreo y ubicación de los nidos de *(Apidae: Meliponinae)* Finca en Los Lajones, Cañazas, Veraguas, Panamá. A) transepto 1. B) transepto 2.

2.1.1. Características florísticas del área:

El área de estudio se caracteriza por presentar una cubierta vegetal de bosques de galería y rastrojos. Los transectos presentan una amplia variedad de vegetación encontrando especies como árboles, arbustos, hierbas, plantas trepadoras. El transepto 1 está compuesto por un sotobosque de plantas trepadora como costilla de adán (*Monstera deliciosa*), bejuco espinoso *(Serjania mexicana), arbustos de* cuernito *(Acacia collinsii)* y helechos (*Nephrolepis cordifolia*). A su vez una parte de este transecto se encuentra formado por una extensión de rastrojo que presenta hierba cerrillo (*Hyparrhenia hirta*), hierba peluda (*Brachypodium sylvaticum*). En conjunto a esto se encuentran arboles de mango (*Mangifera indica),* espave *(Anacardium excelsum),*satra *(Garcinia intermedia),*nance *(Byrsonima crassifolia),*caimito (*Chrysophyllum cainito),* cuscú *(Ormosia pinnata),* chumico *(Curatella americana),* algarrobo *(Ceratonia siliqua),* jagua (*Genipa americana),*marañón *(Anacardium occidentale).*

El transepto 2 está formado principalmente por una amplia extensión de hierbas forrajera como el pasto pangola (*Digitaria eriantha),*kikuyo *(Cenchrus clandestinus),* Jaragua *(Hyparrhenia rufa),* a su vez presenta helechos *(Asplenium trichomanes), (Botrychium virginianum).* Además, cuenta con árboles como balso *(Ochroma pyramidale),*carne asada *(Hieronyma alchorneoides), árbol maría (Calophyllum brasiliense),*guarumo *(Cecropia peltata) y* plantas de bijao *(Calathea lutea). Podemos considerar que* ambos transectos tienen partes boscosas con dosel.

Figura 5. Características florísticas de área de estudio, bosques de galería y rastrojo. Los Lajones, Cañazas, Veraguas, Panamá.

2.2 Fase de campo.

2.2.1 Muestreo:

La etapa de muestreo tuvo una duración de 5 meses, iniciando en el mes de noviembre de 2022 y finalizando el mes de marzo 2023, este periodo corresponde a épocas de transición lluviosa a seca, el mismo fue dividido en 2 secciones, el primer muestreo se dirigió a la búsqueda de nidos de abejas sin aguijón, utilizando la técnica de transecto variable (Foster & Cols, 1995) donde como primer paso se ubicaron las piqueras disponibles en el sitio, luego de localizadas se georreferenciaron mediante google maps, tomando en cuenta la primera y la última piquera localizada, luego se unieron los puntos con sus respectivas medidas y así se obtuvo el área completa en km^2. La segunda fase de muestreo fue para la caracterización de la vegetación y comportamiento. Cada nido fue monitoreado 2 veces al mes, en un lapso que va entre las 6:30 am a 7:30 am y entre las 4 pm a 5 pm. Con el fin de obtener la mayor representatividad en los datos.

Figura 6. A) Búsqueda de nidos, B) Localización y georreferenciación, C) Monitoreo. Los Lajones, Veraguas, Panamá.

2.2.2 Búsqueda de Nidos y colecta de individuos:

Se realizó dentro de todo el sitio un censo de nidos de abejas sin aguijón. Una vez ubicados se tomaron los datos de: nombre de la especie arbórea o del sustrato en la que se encuentra, altura sobre el nivel del suelo a la que se encuentra el nido, características del tronco (rugoso, seco, corteza, entre otras), circunferencia a la altura del nido, estado del árbol (vivo, muerto, agrietado, enfermo, entre otros), tipo de sustrato, y características de la entrada del nido. También se registrarán factores ambientales como: Temperatura, intensidad lumínica, humedad relativa y coordenadas geográficas (Razo-León, 2015).

Se recolectaron cinco individuos de cada especie de abeja, tomados directamente de los nidos, empleando en ocasiones el usos de una pequeña red entomológica. Al momento de su captura, cada individuo se preservó en alcohol etílico al 70%, y fue etiquetado con los datos de lugar de recolecta (nido), número de colecta, coordenadas geográficas, fecha y colector, finalmente se transportaron al Laboratorio de invertebrados de la Universidad Nacional de Panamá para su identificación.

2.2.3 Actividad de vuelo:

Se llevaron a cabo evaluaciones de actividad de vuelo cada dos días en cada nido localizado. Durante estas evaluaciones, se observó la carga de las abejas que entraban en el nido y su comportamiento en el sitio (Rodríguez, 2014)

Para esto se utilizó la siguiente clave de letras:

P= polén S= semilla B= barro R= resina SN= sin nada Bb= botando basura SA= salen

2.3 Fase de laboratorio:

2.3.1 Identificación de los Meliponinos recolectados:

Después de la recolección de los ejemplares, se procedió a su identificación en el Laboratorio de Entomología Sistemática del Museo de Invertebrados G.B. Fairchild, de la Escuela de Biología de la Universidad de Panamá. Se utilizó la guía taxonómica de meliponinos de Costa Rica (Sánchez, 2021), la ayuda de un estereoscopio para la identificación y proceder al montaje en la caja entomológica, así como la asistencia del Dr. Alonso Santos Murgas. El objetivo era determinar la presencia de abejas sin aguijón, llegando al nivel taxonómico más específico posible.(Rodriguez, 2014)

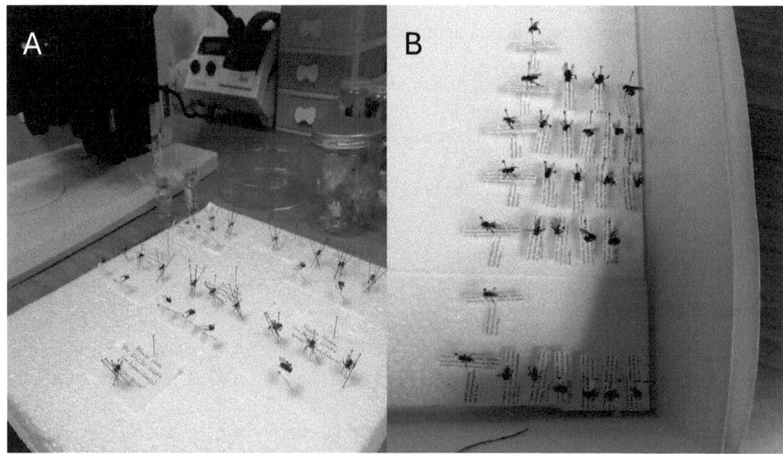

Figura 7. A) Montaje de las muestras, B) Caja entomológica de las muestras.

2.3.2 Procesamiento de datos:

Se utilizó hojas de recolecta de campo para llevar el registro de las especies de abejas sin aguijón encontradas (cuadro 1), del tipo de nido y sustrato en el que se localizaron los (cuadro 2).

La actividad de vuelo fue estimada con la ayuda de una hoja de cálculo de Excel (cuadro 4), que posteriormente fue representada es gráficos que muestran los resultados.

Para calcular la vegetación visitada con mayor frecuencia por las abejas se utilizó una hoja de cálculo de Excel. (cuadro 4), metodología que también fue utilizada para el registro de condiciones físicas como: temperatura y humedad (cuadro 5.)

RESULTADOS

A continuación, se muestran los resultados obtenidos en el sitio de estudio ubicado en la comunidad de Los Lajones. La investigación se enfocó en determinar la presencia de abejas sin aguijón y su relación en general con este ecosistema, incluyendo algunos comportamientos en particular. También se detalla la diversidad de especies vegetales que son de preferencia para el pecoreo de estas especies.

3.1 Abejas de la tribu Meliponini presentes en una finca ubicada en la comunidad de los Lajones:

Se estudió la composición de Abejas sin Aguijón dentro de la finca, donde se reportaron 7 especies (cuadro 1). Así mismo, se reportaron 6 nidos, cada una con la representación de un nido por especie, con excepción de *Tetragonisca angustula,* que se reportó su presencia significativa en el sitio, pero no se pudo localizar el nido.

Cuadro 1. Composición de abejas sin aguijón (Apidae: Meliponini) de la finca ubicada en la comunidad de los Lajones, Cañazas, Veraguas, Panamá.

Nombre común	Nombre científico
Meriolon cebrita	*Tetragona parangulata* Coc. 1917.
Zagaño, Sañago.	*Trigona corvina* Coc.1913.
Culo de buey	*Trigona fulviventris* Gué-Mén 1845
Abeja esculcona	*Partamona bilineata* Say. 1937.
Boca de sapo	*Partamona helleri* Fri. 1900.
——	*Partamona sp.*
Angelita	*Tetragonisca angustula* Lli. 1806.

Morfología observable:

Tetragona parangulata: Tienen un tamaño entre los 6 a 7mm, presentan una tonalidad naranja, en el abdomen presentan anillos no completos de color negro bien definidos, las alas en la parte anterior tienen una coloración naranja rojizo y en la posterior es blanquecinas, corbícula con una maculación negra difusa, palpos con setas más pequeñas que el ancho del mismo.

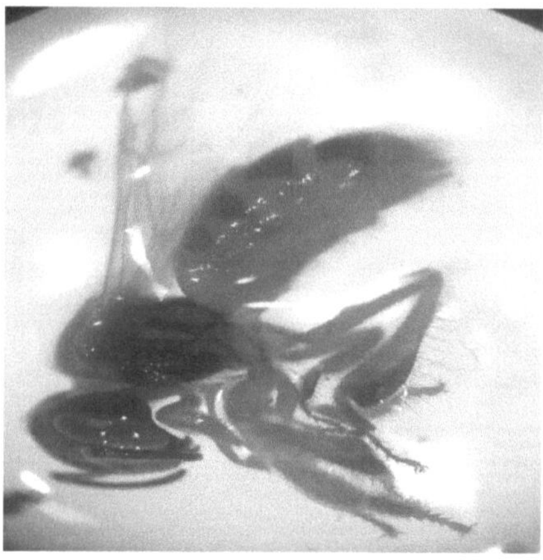

Figura 8. *Tetragona parangulata.*

***Trigona corvina*:** cuerpo mediano 6-8mm, su color es completamente negro, abdomen corto y ancho, mandíbulas visibles y rojizas , alas oscuras, corbículas muy oscuras, borde externo y basal de la tibia posterior casi recto.

Figura 9. *Trigona corvina* A) vista dorsal, B) vista lateral.

Trigona fulviventris: al igual que la T. corvina su tamaño varia entre los 6-8mm, la cabeza, el tórax y patas son de color negro, el abdomen más estrecho y elongado que el tórax, es de color naranja brillante.

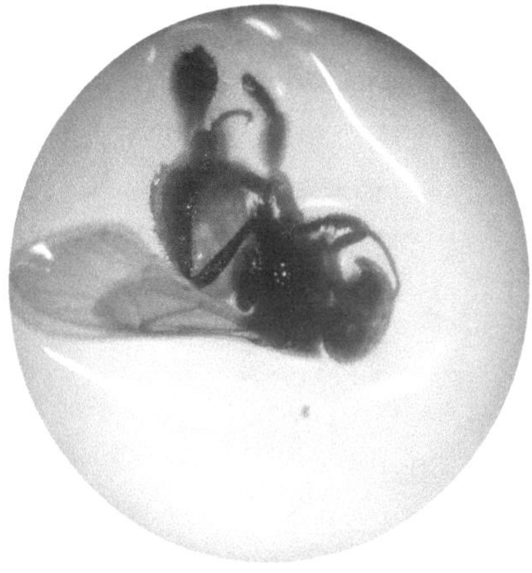

Figura 10. *Trigona fulviventris*

Partamona bilineata: su cuerpo mide de 6 a 7mm, tiene una coloración negro brillante, las alas tienen una coloración marrón, con mandíbulas visibles y de color rojizo, en la parte paraocular e inferior presenta una franja blanca.

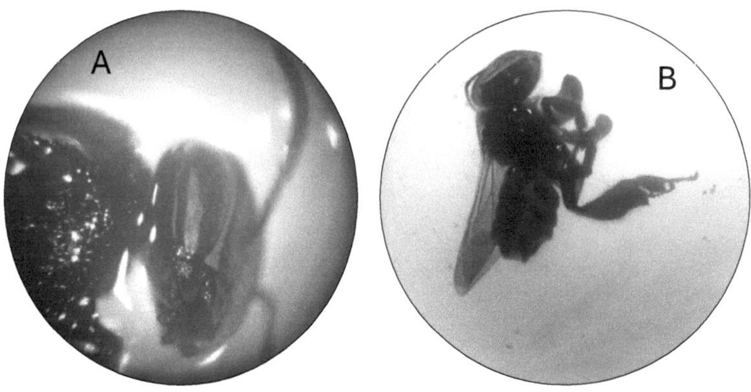

Figura 11. *Partamona bilineata* A) Franja blanca en la parte superior del ojo, B) Vista lateral.

Partamona helleri: el tamaño de su cuerpo esta en lo 5mm a los 6mm, su coloración es negro brillante, las alas tienen un color marrón, con mandíbulas visibles rojizas.

Figura 12. *Partamona helleri.*

Partamona sp.: su tamaño corporal varia entre los 6 a 8mm, coloración negra rojiza brillante, alas color marrón, abdomen traslucido entre negro y marrón , mandíbula visible rojiza.

Figura 13. *Partamona sp.*

Tetragonisca angustula: son de tamaño mediano entre los 4mm a 5mm, su coloración es amarilla con maculaciones negras en la cabeza, tórax y corbícula,

Figura 14. *Tetragonisca angustula.*

3.2. Descripción de los nidos y sustrato:

En cuanto a los nidos encontrados por especie, se localizaron 6 nidos con diferencias significativas en sus estructuras y composición, 4 de estos nidos fueron localizados en árboles y 2 en desniveles de tierra llamados barrancos.

Cuadro 2. Hoja de recolecta de datos de los nidos y sustratos donde se encuentra.

	sustrato	**Especie de árbol**	**Estado del árbol**			**Circunferencia Del árbol.**	**Altura (ns)**
			V	M	E		
Tetragona parangulata	**Árbol**	"Cuscu" ***Ormosia pinnata***	v	-	-	**135 cm**	**88.9 cm**
Trigona corvina	**Árbol**	"Nance" ***B.crassifolia***	v	-	-	**150.3 cm**	**160.02 cm**
Trigona fulviventris	**Árbol**	"Higuerón" ***F. carica***	v	-	-	**139.6 cm**	**114.3 cm**
Partamona bilineata	**Barranco**	----					**165 cm**
Partamona helleri	**Barranco**	----					**270.9 cm**
Partamona SP.	**Árbol**	"Árbol María" ***C.brasiliense***	v	-	-	**160.4 cm**	**71.5 cm**

V= vivo M= muerto E= enfermo. Altura (ns)= altura del nido a nivel del suelo.

Descripción observable de los nidos:

Tetragona parangulata: su piquera tiene forma de oreja, alrededor de la misma se puede observar la acumulación de resina y material vegetal. Una característica muy importante de mencionar es que en la piquera se encuentra un grupo significativo de abejas guardianes, las cuales presentan un comportamiento altamente significativo al menos estimulo.

Figura 15. Nido de *Tetragona parangulata*.

Trigona corvina: el nido de estas abejas tiene forma esférica, es muy parecido a los nidos de comejenes (Termita), se puede notar que el mismo esta compuesto por resina, barro, material vegetal en descomposición, todo esta mezcla de materiales le dan una textura de cráteres al nido, su piquera tiene forma de un pequeño tubo que da acceso al nido, la cual esta custodiado por un grupo de abejas guardianes y que son muy activas ante los estímulos de cercanía.

Figura 16. Nido *de Trigona corvina*

Trigona fulviventris: la piquera de esta especie no pudo ser observada porque al parecer había sido destruida, pero se pudo observar que lo poco que restaba de la misma estaba compuesta por resina y un poco de barro, en la entrada hay unas cuantas abejas, pero su comportamiento no es agresivo ante la presencia humana.

Figura 17. Nido de *Trigona fulviventris*, sin piquera.

Partamona bilineata: no presenta una piquera, su nido esta compuesto de mucha resina y barro, la inferior del nido presenta unas estructuras en forma de barba que cuelgan del mismo. En la entrada del nido se encuentran un alto número de abejas, las cuales son muy defensivas y su ataque es altamente persistente y masivo.

Figura 18. Nido de *Partamona bilineata.* A) Vista general. B) Vista cercana de la piquera.

Partamona helleri: Su nido está fabricado completamente de una mezcla de arena, barro y un poco de resina, tiene una entrada amplia directa al nido, en la cual se puede observas un gran grupo de abejas guardianes que son altamente defensivas y que su ataque es masivo ante estímulos muy cercanos a ellas.

Figura 19. Nido de *Partamona helleri*.

Partamona sp: su piquera está compuesto por resina y barro, solo presentan una abeja guardiana y su comportamiento no es defensivo ante los estímulos.

Figura 20. Nido de *Partamona sp*.

3.3 Actividad de vuelo:

Es muy importante mencionar el trabajo diario que realizan las abejas obreras (hembras no fértiles), en la recolección y transporte de diversos productos para usar en la construcción de sus nidos y en su alimentación, teniendo por las mañanas 393 entran y 282 salen. Por las tardes 206 abejas entran y 121 abejas salen.

La actividad de vuelo total por la mañana 675 con 67% y por la tarde 327 con 35% observadas. En la actividad de vuelo, las entradas y salidas muestran el total de movimiento, siendo como resultado final, que las abejas sin aguijón trabajan el doble o más por la mañana que por la tarde.

Figura 21. Trigona corvina llenando sus corbículas de barro.

Cuadro 3. Evaluación de la actividad de vuelo en horas de la mañana y tarde.

(P= polén S= semilla B= barro R= resina SN= sin nada Bb= botando basura SA= salen.)

Mañana 6:30 am- 7:30 am											Tarde 4:00 pm- 5:00 pm									
Fecha y Nido	p	s	r	b	sn	entran	Bb	Sa	salen		Fecha y Nido	p	s	r	b	sn	entrada	Bb	sa	salen	
4-2-23 nido1	16	0	7	0	42	65	2	36	38		4-2-23 nido1	9	1	2	0	12	24	0	12	12	
5-2-23 nido2	20	0	4	0	57	81	2	48	50		5-2-23 nido2	10	0	0	0	15	25	1	13	14	
6-2-23 nido 3	4	2	0	0	10	16	1	12	13		6-2-23 nido 3	1	0	1	0	5	7	0	6	6	
12-2-23 nido4	12	1	4	0	13	30	3	15	18		12-2-23 nido4	4	0	1	0	10	15	1	9	10	
13-2-23 nido5	8	0	2	0	3	13	1	9	10		13-2-23 nido5	2	0	2	0	6	10	1	4	5	
16-2-23 nido6	10	0	0	3	8	21	0	16	16		16-2-23 nido6	3	0	0	1	6	10	0	7	7	
10-3-23 nido1	20	1	5	0	16	42	4	26	30		10-3-23 nido1	11	0	3	0	12	26	1	10	11	
11-3-23 nido2	23	2	2	0	28	55	3	36	39		11-3-23 nido2	8	0	3	0	18	29	2	26	28	
13-3-23 nido3	6	0	3	0	8	17	1	14	15		13-3-23 nido3	3	0	4	0	7	14	1	7	8	
14-3-23 nido4	9	0	3	0	12	21	2	23	25		14-3-23 nido4	6	0	2	0	10	18	1	6	7	
25-3-23 nido5	3	0	2	0	9	14	0	12	12		25-3-23 nido5	3	0	1	0	8	12	0	4	4	
26-3-23 nido6	6	0	0	5	7	18	0	16	16		26-3-23 nido6	5	0	0	2	9	16	0	9	9	
						393			282	Total:675							206			121	Total:327
										67%											35%

Resultado total de la actividad.

Figura 22. Comparación de la actividad de vuelo considerando las entradas y salidas.

Figura 23. Comparación de la actividad de vuelo total mañana vs tarde.

3.4 Preferencias de vegetación para el pecoreo.

En el CUADRO 4 podemos observar que la mayoría de las abejas sin aguijón muestran una clara preferencia por visitar plantas que comparten una característica común: la presencia de flores y semillas.

Sin embargo, destacamos dos excepciones significativas: la *Heliconia psittacorum y la Ixora coccinea*. Estas plantas son particularmente notables porque producen una especie de sábila en sus flores, sorprendentemente, son estas secreciones las que atraen a las abejas como la *Trigona fulviventris, Trigona corvina y la Partamona sp*. Observamos que estas abejas realizan un comportamiento único al morder las flores y extraer la sábila, lo que sugiere una relación especializada entre estas especies de abejas y las plantas mencionadas.

Cuadro 4. Observación de la preferencia vegetativa de las abejas sin aguijón en la finca.

Preferencia vegetativa		
Especie de abeja	Nombre común	Nombre científico
Trigona fulviventris *Trigona corvina*	Gallito	*Heliconia psittacorum*
Trigona corvina *Tetragonisca Angustula*	Flor de papel o rosa mística	*Zinnia elegans*
Trigona corvina	Rosa Jericó	*Rosal centifolia*
Trigona corvina	Guandú	*Cajanus cajan*
Trigona corvina	Marañón	*Anarcardium occidentale*

Trigona fulviventris *Partamona bilineata*		
Trigona corvina *Trigona fulviventris*	Nance	*Byrsonima crassifolia*
Tetragona parangulata	Saril o flor de Jamaica	*Hibiscus Sabdariffa*
Trigona fulviventris *Trigona corvina* *Partamona sp.*	Bouquet de novia	*Ixora coccinea*
Partamona helleri	Satra	*Garcinia intermedia:*
Tetragonisca Angustula *Trigona corvina.*	Chumico	*Curatella americana*
Tetragona parangulata *Tetragonisca angustula*	Cosmos amarillo	*Cosmos sulphureus*
Partamona sp. *Partamona helleri*	Dormidera	*Mimosa pudica*
Trigona fulviventris *Tetragona parangulata* *Trigona corvina*	Mango	*Mangifera indica*
Partamona sp.	Grama de pará	*Brachiaria mutica*

Figura 24. Preferencias vegetativas. A) *Tetragonica angustula* en flor de *Hibiscus Sabdariffa* B) *Trigona Fulviventris* en flor de *Ixora coccinea.* C) *Trigona corvina* en fruta de *Anarcardium occidentale.* D) *Tetragona angustula* en *Cosmos sulphureus*

3.5 Registro de temperatura y humedad:

En la tabla 6 se puede apreciar la temperatura y humedad existente durante la etapa de muestreo, utilizando como referencia el primero y último mes de esta etapa, donde se denota las condiciones homologas de estos parámetros climáticos en las áreas de los 6 nidos estudiados.

La temperatura fue ligeramente más alta en el mes de marzo con un promedio total de 30.6°C comparada con el primer mes de muestreo que fue noviembre con un total de 27.3°C

En cuanto a la humedad, se observó que fue elevada y con valores similares en la mayoría de las áreas donde se ubicaron los nidos. La mayor humedad se registró en el último mes de muestreo con un 89.8%, mientras que el valor más bajo fue del 84.4% en el primer mes. La poca variación registrada se debe a que el sitio en general de estudio presenta un clima de tipo húmedo tropical, por los cuál durante todo el año los cambios de temperaturas y humedad no son tan bruscos.

Tabla 5. Registro de los datos de temperatura y humedad de los sitios donde se localizaron los nidos.

Especies	temperatura		Humedad	
	Noviembre	Marzo	Noviembre	Marzo
Tetragona parangulata	26°C	29°C	84.6%	89.8%
Trigona corvina	28°C	31°C	84%	89.7%
Trigona fulviventris	27° C	30°C	85%	89.8%
Partamona bilineata	29° C	32°C	84.3%	89.9%

Partamona helleri	29° C	32°C	84.3%	89.9%
Partamona sp	28° C	30°C	84%	89.8%
Temperatura media	27.3°C	30.6°C	84.4%	89.8%

3.6. Principales Amenazas:

En la investigación realizada en la finca ubicada en Los Lajones, se identificaron diversas amenazas significativas que afectan a las abejas sin aguijón encontradas. Una de las observaciones relevantes fue la presencia de nidos de estas abejas en el suelo, claramente desplazados de su ubicación original, lo que sugiere perturbaciones en su hábitat natural. Además, se pudo constatar que las quemas practicadas por los moradores de la comunidad para la preparación de cultivos representan un riesgo considerable para estas especies. Estas quemas, destinadas a la limpieza de terrenos, no solo afectan directamente a los nidos al arrasar con parte del ecosistema local, incluyendo árboles que podrían albergar colonias de abejas sin aguijón, sino que también generan un impacto negativo en la biodiversidad general del área. Otra observación que se suma a las amenazas que enfrentan los meliponinos de este estudio es la presencia de abejas melíferas, notablemente más grandes y con una capacidad de forrajeo extensiva, representa una amenaza significativa para las abejas sin aguijón. Estas últimas, de menor tamaño se ven afectadas por la competencia desigual en la búsqueda de néctar y polen. Las abejas melíferas, al ser más numerosas y agresivas en la explotación de recursos florales, tienden a desplazar a las abejas sin aguijón de las áreas de alimentación.

Figura 25. Principales amenazas. A) Nido de Trigona corvina desplazado de su lugar. B) Quema de terreno para cultivar. C) Apis melífera en *Cosmos sulphureus.*

DISCUSIÓN

Los resultados obtenidos en este estudio realizado por primera vez en el sitio, proporcionan una visión detallada de la comunidad de abejas sin aguijón de la tribu Meliponini en la finca ubicada en Los Lajones, Veraguas, Panamá. Se identificaron 7 especies diferentes, en el T1: 3 especies pertenecen al género Trigona, por otro lado, en el T2 se encontraron 3 especies que pertenecen al género Partamona y 1 al Trigona.

A través del análisis del número de especies y géneros encontrados por transectos, nos proporciona una visón inicial de la diversidad de abejas sin aguijón en el área de estudio, la misma debe interpretarse bajo las limitaciones de la extensión de área muestreada, lo cual puede sugerir un nivel moderado de diversidad, ya que a pesar de que la extensión muestreada es representativa puede no capturar toda la diversidad del sitio

Cada especie de abeja sin aguijón ocupaba nidos distintos, predominantemente ubicados en árboles o barrancos. Esta distribución puede estar influenciada por la disponibilidad de sustratos adecuados y las condiciones ambientales específicas que cada especie prefiere para la construcción de sus nidos. Por ejemplo, especies como *Trigona corvina* y *Tetragona parangulata* prefieren nidos en árboles con características estructurales específicas, mientras que otras como Partamona helleri utilizan barrancos con una mezcla de arena y barro para sus nidos. (Monroy, 2010) en Guatemala reportó que según la especie, las diferentes abejas sin aguijón construyen sus nidos en cavidades de árboles, en el suelo, dentro de hendiduras y algunas especies construyen nidos aéreos que se sostienen entre ramas de árboles. Los nidos pueden ser expuestos, semi expuestos u ocultos en cavidades. Las diferentes partes del nido están construidas principalmente de cerumen, que es una mezcla de cera y resinas a la que las abejas agregan, a veces, arena o pequeñas piedras, hojas secas, fibras o excremento de animales, para darle una mayor resistencia, principalmente si son nidos expuestos.

El comportamiento de vuelo observado también reveló patrones interesantes en la actividad diaria de recolección de recursos. Las abejas mostraron una actividad significativamente mayor por la mañana en comparación con la tarde, con un total de por la mañana 675 con 67% y por la tarde 327 con 35% observadas. (Rodríguez, 2014) en Perú presenta unos resultados similares, evaluó la actividad de vuelo de abejas sin aguijón en cuanto a la recolección y transporte de diversos productos para usar en la construcción de sus nidos y en su alimentación, teniendo como resultado por las mañanas 4662 entran y 3199 salen. Por las tardes 1517 abejas entran y 1028 abejas salen. La actividad de vuelo total por la mañana 7861 con 75,54% y por la tarde 2545 con 24,46% observadas. Lo que sugiere una estrategia adaptativa para maximizar la recolección de néctar y polen durante las horas de luz solar más intensa. Este comportamiento puede estar relacionado con la disponibilidad de recursos y las temperaturas ambientales que favorecen la actividad de vuelo matutina.

La preferencia de vegetación para el pecoreo mostró que la mayoría de las especies visitaban plantas con flores y semillas, aunque se destacaron excepciones como Heliconia psittacorum y Ixora coccinea, cuyas secreciones atraen específicamente a *Trigona fulviventris, Trigona corvina y Partamona sp.* Esta relación especializada entre ciertas especies de abejas sin aguijón y plantas específicas puede relacionarse a una coevolución adaptativa que podría tener implicaciones importantes para la conservación de estas especies y sus hábitats vegetativos.

Las amenazas identificadas, como la perturbación de los nidos debido a actividades humanas como quemas para limpieza de terrenos y la competencia con abejas melíferas, es una de las principales problemáticas que pueden estar influyendo en el crecimiento poblacional de este grupo de especies. En el área de la Zona del canal y el rio Chagres (Roubik y Gutiérrez, 2009) observaron que los procesos humanos que causan la deforestación tropical pueden permitir que Apis melífera se vuelva más abundante, ya que los factores biológicos se simplifican, muchos de los cuales probablemente causen que disminuyan las poblaciones de Meliponini o la riqueza de especies locales. Otra investigación que corrobora una de estas amenazas es la de (Murgas, 2018). En un estudio en los bosques y áreas protegidas de Panamá reveló que la abeja nativa es desplazada por la Apis melífera, conocida como la abeja europea o de la miel, un indicador alarmante en esa área indicó.

CONCLUSIONES.

- Se determino la presencia de 2 géneros de meliponas, 7 especies en total, de las cuáles se pudieron localizar los nidos de 6 especies, cada uno con estructura y características propias de su especie.
- El número de especies y géneros encontrados proporcionan una base preliminar de la diversidad significativa encontrada en las áreas muestreadas, considerando que la misma fue una extensión limitada.
- Sus preferencias vegetativas son muy similares en todas las especies encontradas, en el caso de la Trigona Corvina y Trigona fulviventris incluyen las secreciones de algunas plantas, pero en todas se pudo observar el aprovechamiento de la flora local disponible.
- La identificación de amenazas como las quemas para la preparación de cultivos y la competencia con abejas melíferas resalta los desafíos que enfrentan las abejas sin aguijón en Los Lajones.

RECOMENDACIONES:

- Llevar a cabo estudios sistemáticos para documentar la diversidad de especies de abejas sin aguijón en diferentes regiones de Panamá. Esto podría incluir encuestas en campo, análisis de muestras genéticas y taxonómicas, y la creación de inventarios detallados de especies para obtener un panorama completo y actualizado de la distribución y comportamiento de estas abejas en Panamá.
- Fomentar la colaboración entre científicos, investigadores locales, comunidades indígenas y agricultores para recopilar datos de manera participativa y holística. Integrar conocimientos tradicionales y científicos puede enriquecer los estudios sobre abejas sin aguijón y promover prácticas de manejo sostenible basadas en el conocimiento local.
- Implementar programas educativos dirigidos a estudiantes, comunidades locales y tomadores de decisiones para aumentar la conciencia sobre la importancia de las abejas sin aguijón en los ecosistemas panameños. Esto incluiría talleres, capacitaciones y campañas de sensibilización sobre la conservación de polinizadores y la promoción de hábitats amigables con las abejas.

REFERENCIAS BIBLIOGRÁFICAS

Ayala, R. (1999). Revisión de las abejas sin aguijón de México (Hymenoptera: Apidae: Meliponini). Folia Entomológica Mexicana, 1-123.

Autoridades locales. (2017). Plan Estratégico Distrital de Cañazas 2018-2022. Recuperado el 5 de febrero de 2022, de alcaldía de Cañazas. 1-35.

Baguero, L. G. (2007). Cría y manejo de abejas sin aguijón. Editorial Caleidoscopio.

Brand, D. D. (1988). The honey bee in New Spain and Mexico. *Journal of Cultural Geography, 9*(1), 71-81.

Camargo, J. M. F., & Roubik, D. W. (1991). Systematics and bionomics of the apoid obligate necrophages: The *Trigona hypogea* group (Hymenoptera: Apidae; Meliponinae). *Biological Journal of the Linnean Society, 44*, 13-39

Cockerell, T. D. A. (1913). Meliponine bees from Central America. *Psyche, 20*, 10-14.

Delgado, V. C. (2004). Lo que usted debe saber sobre abejas amazónicas. Mi tierra amazónica, 16, 12-13.

Michener, C. D. (1954). Bees of Panamá. *Bulletin of the American Museum of Natural History, 104*, 5-175.

Michener, C. D. (2000). *The bees of the world*. Johns Hopkins University Press. 913

Monroy, M. C. (2010). Diferenciación genética y fenética de Melipona. Fonacyt. 282.

Murga, A. S. (2018). Abejas nativas desplazadas. Panamá: Acan-Efe, 5-13.

Nates, P. G. (1990). Abejas de Colombia. III. Clave para géneros y subgéneros de Meliponinae (Hymenoptera: Apidae). Acta Biológica Colombiana, 2, 6-13.

Nogueira-Neto, P. (1997). Life and management of stingless bees. Editora Nogueirapis.

Quezada-Euán, J. J. G. (Ed.). (2018). Services provided by stingless bees. In *Stingless bees of Mexico* 167-192.

Rasmussen, C., & Cameron, S. A. (2010). Global stingless bee phylogeny supports ancient divergence, vicariance, and long-distance dispersal. *Biological Journal of the Linnean Society, 99*(1), 206-232.

Razo-León, A. (2015). Abejas silvestres (Hymenoptera: Apoidea: Anthophila) y sus interacciones con la flora en la sierra de Quila, Tecolotlán, Jalisco. Tesis para obtener el grado de Maestro en Ciencias en Biosistemática y Manejo de Recursos Naturales y Agrícolas, Universidad de Guadalajara, México. 89.

Roubik, D. W. (1983). Nest and colony characteristics of stingless bees from Panama. Journal of the Kansas Entomological Society, 56, 327-355.

Roubik, D. (1989). *Ecology and natural history of tropical bees*. Cambridge University Press. 514.

Roubik, D. W., & Moreno, J. E. (1991). *Pollen and spores of Barro Colorado Island.* Monographs in Systematic Botany from the Missouri Botanical Garden, (36), 1-269.

Roubik, D. W. (1992). Stingless bees: *A guide to Panamanian and Mesoamerican species and their nests* (Hymenoptera: Apidae: Meliponinae). En Insects of Panama and Mesoamerica. Oxford University Press, 495-524.

Roubik, D. W., & Camargo, J. M. F. (2011). *The Panama microplate, island studies and relictual species of Melipona* (Melikerria) (Hymenoptera: Apidae: Meliponini). Systematic Entomology, 189-199.

Rodríguez, O. S. (2014). Identificación y descripción de abejas nativas amazónicas con mención al hábitat ecológico en la cuenca del río Nanay. San Juan – Perú. 74-86.

Sánchez, M. (2021). Guía taxonómica de abejas de Costa Rica. 187.

Schwarz, H. F. (1932). Stingless bees in combat: Observations on Trigona pallida Latreille on Barro Colorado Island. Natural History, 32, 552-553.

Schwarz, H. F. (1934). The social bees (Meliponidae) of Barro Colorado Island, Canal Zone. American Museum Novitates, (731), 1-23.

Schwarz, H. F. (1948). *Stingless bees of the Western Hemisphere. Lestrimelitta and the following subgenera of *Trigona*: *Trigona*, *Paratrigona*, *Schwarziana*, *Parapartamona*, *Cephalotrigona*, *Oxytrigona*, *Scaura*, and *Mourella*. *Bulletin of the American Museum of Natural History, 90*, 1-546.

Schwarz, H. F. (1951). New stingless bees (Meliponidae) from Panama and the Canal Zone. *American Museum Novitates, 1505*, 1-16.

Printed by Books on Demand GmbH, Norderstedt / Germany